Sitzungsberichte der Heidelberger Akademie der Wissenschaften

Stiftung Heinrich Lanz

Mathematisch-naturwissenschaftliche Klasse

*) *Jahrgang 1921 erschien im Verlage von Carl Winters Universitätsbuchhandlung in Heidelberg.*

Im Verlag von Walter de Gruyter & Co. vormals G. J. Göschen'sche Verlagshandlung — J. Guttentag, Verlagsbuchhandlung — Georg Reimer — Karl J. Trübner — Veit & Comp., Berlin, erschienen:

Abteilung A. Mathematisch-physikalische Wissenschaften.

Jahrg. 1922: 3 Hefte. — Jahrg. 1923: 5 Hefte. — Jahrg. 1924: 11 Hefte.

Abteilung B. Biologische Wissenschaften.

Jahrgang 1923: 1 Heft.

Von Jahrgang 1925 ab findet die Trennung in Abteilung A und B nicht mehr statt.

Jahrgang 1925.

1. Heffter, Lothar. Zur absoluten Geometrie II. Reichsmark 0.50
2. Roeser, Ernst. Die komplementären Figuren der nichteuklidischen Ebene. Reichsmark 0.50
3. Fladt, Kuno. Neuer Beweis f. d. Zuordnung von rechtwinkligem Dreieck und Spitzeck in der hyperbolischen Elementargeometrie. Reichsmark 0.30
4. Salomon, Wilhelm. Beobachtungen über Harnische. Reichsmark 0.70
5. Loewy, A. Beiträge zur Algebra. 1—4. Reichsmark 1.—
6. Hellpach, Willy. 2. Mitteilung zur Physiognomik der deutschen Volksstämme. Reichsmark 0.30
7. Loewy, Alfred. Neue elementare Begründung u. Erweiterung der Galoisschen Theorie. Reichsmark 2.—
8. Curtius, Theodor, u. Bertho, Alfred. Einwirkung von Stickstoffkohlenoxyd und von Stickstoffwasserstoffsäure unter Druck auf aromatische Kohlenwasserstoffe. Reichsmark 0.40
9. Roeser, Ernst. Die gnomonische Projektion in der hyperbolischen Geometrie. Reichsmark 0.70
10. Rasch, G. Über die Ausnützung der Gezeiten des Meeres zur Energiegewinnung. Reichsmark 0.80
11. Salomon, Wilhelm. Magmatische Hebungen. Reichsmark 1.20
12. Pütter, A. Altersbestimmungen an Drachenbäumen von Tenerife. Reichsmark 0.90
13. Volk, Otto. Über geodätische rhombische Kurvennetze auf krummen Flächen, insbesondere auf Flächen konstanter Krümmung. Reichsmark 1.10
14. Roeser, Ernst. Die Fundamentalkonstruktion der hyperbolischen Geometrie. Reichsmark 1.40
15. Rüger, L., u. Rüger-Haas, P. Palaeosemaeostoma geryonides v. Huene sp., eine sessile Meduse aus dem Dogger von Wehingen i. W., und Medusina liasica nov. sp., eine coronatenähnliche Meduse aus dem mittleren Lias von Hechingen i. Württemberg. Reichsmark 1.50

Jahrgang 1926.

1. Krull, Wolfgang. Theorie und Anwendung der verallgemeinerten Abelschen Gruppen. Reichsmark 1.70
2. Klebs, Georg. Über periodisch wachsende tropische Baumarten. Reichsmark 1.20
3. Müller, Max. Über die Oberfläche von Flächenstücken. Reichsmark 1.20
4. Ernst, Max. Über Anlagen von Organen, die nicht zur Ausbildung gelangen. Reichsmark 0.50
5. Ernst, Emil. Die optischen Eigenschaften des Andesins von Bodenmais. Reichsmark 1.10
6. Liepmann, Wilhelm. Leichengeburt bei Ichthyosauriern. Reichsmark 0.90

(Fortsetzung siehe 3. Umschlagseite)

*) Bestellungen auf solche Veröffentlichungen der math.-naturw. Klasse, welche früher im Verlag von Carl Winters Universitätsbuchhandlung in Heidelberg erschienen sind, nimmt auch der Verlag Walter de Gruyter & Co., Berlin, entgegen.

Sitzungsberichte
der Heidelberger Akademie der Wissenschaften
Mathematisch-naturwissenschaftliche Klasse
Jahrgang 1930. 7. Abhandlung.

Zur Klassifikation der regulären Scharen quadratischer Formen

Von

Julius Wellstein
in Karlsruhe i. B.

Vorgelegt von Richard Baldus in Karlsruhe.

Eingegangen den 28. Juni 1930.

Berlin und Leipzig 1930

Walter de Gruyter & Co.

vormals G. J. Göschen'sche Verlagshandlung / J. Guttentag, Verlagsbuchhandlung / Georg Reimer / Karl J. Trübner / Veit & Comp.

Zur Klassifikation der regulären Scharen quadratischer Formen.

Das Problem der Klassifikation der regulären Scharen[1]) quadratischer Formen pflegt man nach WEIERSTRASS mit den Hilfsmitteln der Elementarteilertheorie zu lösen, indem man gewisse Normalformen aufstellt, die zu den Grundformen der Schar äquivalent sind, in die sich die Grundformen also simultan durch kogrediente Transformationen überführen lassen. Daß hier ein enger und naturgemäßer Zusammenhang mit der Theorie der linearen Transformationen und deren Reduktion auf Normalformen besteht, scheint bisher nicht bemerkt worden zu sein. Das Formenproblem läßt sich vollständig auf das Problem der Klassifikation der linearen Transformationen zurückführen, und da dies letztere die Hilfsmittel der Elementarteilertheorie nicht erfordert, werden sie auch für das erste entbehrlich, was man wohl, wenigstens bei geometrischen Anwendungen, als einen methodischen Gewinn betrachten kann. Den genannten Zusammenhang aufzudecken, ist das Ziel der vorliegenden Arbeit.

§ 1. Paare quadratischer Formen.

1. Seien P, Q die symmetrischen Matrizen, welche zu den Grundformen f (x, x), g (x, x) einer Schar quadratischer Formen von n Variabeln gehören, deren zweite regulär sei, also

(1) $$P = P', \quad Q = Q', \quad |Q| \neq 0.$$

Unterwirft man die Variabeln einer regulären linearen Transformation

(2) $$x = S y, \quad |S| \neq 0,$$

[1]) Eine Schar quadratischer Formen heißt regulär, wenn ihre Determinante nicht identisch verschwindet; man kann dann durch geeignete Wahl der Grundformen stets erreichen, daß die Determinante wenigstens einer Grundform der Schar von Null verschieden ist (vgl. 4.).

so gehen die Formen in andere über, deren Matrizen P_1, Q_1 aus denen der ursprünglichen Formen simultan durch kogrediente Transformationen hervorgehen:

(3) $$P_1 = S'PS,\ Q_1 = S'QS,\ |Q_1| = |S|^2|Q| \neq 0.$$

Erklärt man nun die Matrizen

(4) $$A = Q^{-1}P,\ A_1 = Q_1^{-1}P_1,$$

so folgt aus (3)

(5) $$A_1 = S^{-1}AS,$$

d. h. die Matrizen A, A_1 sind zueinander ähnlich, sie gehören einer Klasse ähnlicher Matrizen an.

2. Nun läßt sich nach einem Satze von FROBENIUS[1]) jede Matrix als Produkt zweier symmetrischer Matrizen darstellen, von denen wenigstens eine regulär ist. Seien die zu einander ähnlichen Matrizen A, A_1, zwischen denen also die Relation

(6) $$A_1 = U^{-1}AU$$

besteht, in der genannten Weise in Produkte symmetrischer Matrizen zerlegt:

(7) $$A = Q^{-1}P,\ A_1 = Q_1^{-1}P_1.$$

Definiert man alsdann die reguläre Matrix

(8) $$V = Q_1U^{-1}Q^{-1},$$

so folgt aus (6) und (7)

(9) $$P_1 = VPU,\ Q_1 = VQU.$$

Hieraus läßt sich aber schließen, daß das Paar P_1, Q_1 aus P, Q simultan durch kogrediente Transformationen hervorgeht, daß also Gleichungen der Form (3) bestehen. Es gilt nämlich nach FROBENIUS[3]) der — ohne die Verwendung der Elementarteilertheorie beweisbare —

[1]) G. FROBENIUS, Über die mit einer Matrix vertauschbaren Matrizen. Sitzungsber. der Berl. Akad. d. Wissensch., math.-phys. Klasse, 1910, I, § 3. Will man die JORDANsche Normalform einer Matrix benutzen, so folgt der Satz unmittelbar; vgl. etwa:

[2]) J. WELLSTEIN, Über symmetrische, alternierende und orthogonale Normalformen von Matrizen. Crelles Journal für d. r. u. a. Mathem. Bd. 164 (voraussichtlich), § 3.

[3]) G. FROBENIUS, Über die cogredienten Transformationen der bilinearen Formen. Sitzungsber. der Berl. Akad. d. Wissensch., math.-phys. Klasse 1896, II, § 2.

Satz F. Sind die Matrizen P, P_1 beide symmetrisch und ist $P_1 = VPU$, wo $|UV| \neq 0$, so läßt sich eine, nur von U und V abhängige, reguläre Matrix S so angeben, daß $P_1 = S'PS$ ist. Besteht zwischen den symmetrischen Matrizen Q, Q_1 die Relation $Q_1 = VQU$, so ist also auch $Q_1 = S'QS$.

Danach gelten in der Tat die Gleichungen (3), wie behauptet. Man kann zusammenfassend sagen:

Satz I. Faßt man die Matrizenpaare P_1, Q_1, welche aus einem Paare symmetrischer Matrizen P, Q — von denen wenigstens eine regulär ist — simultan durch kogrediente Transformationen (3) hervorgehen, zu einer Familie äquivalenter Matrizenpaare zusammen — die Familie ist dann durch jedes ihrer Paare bestimmt —, so ist der Familie nach (4) eine Klasse ähnlicher Matrizen zugeordnet, und umgekehrt gehört zu jeder Klasse eindeutig eine Familie.

§ 2. Klassifikationsproblem.

3. Gibt man eine Matrizenklasse durch einen ihrer Repräsentanten, als der hier ihre JORDANsche Normalform $\mathfrak{A}$ gewählt sei, so kommt es darauf an, nach Nr. 2 diese Matrix in ein Produkt symmetrischer Matrizen zu zerlegen in der Form:

$$\mathfrak{A} = \mathfrak{Q}^{-1}\mathfrak{P},\quad \mathfrak{P} = \mathfrak{P}',\quad \mathfrak{Q} = \mathfrak{Q}',\quad |\mathfrak{Q}| \neq 0. \tag{10}$$

Eine solche Zerlegung ist aber leicht anzugeben. Die JORDANsche Normalform[1]) zerfällt in quadratische Länder, die zum gleichen Eigenwerte λ_h gehören, und jedes Land zerfällt in quadratische Felder $\mathfrak{F}_{hk}$ von k Zeilen und Spalten:

$$\mathfrak{F}_{hk} = \begin{pmatrix} \lambda_h & 1 & & & 0 \\ & \lambda_h & 1 & & \\ & & \ddots & \ddots & \\ & & & \lambda_h & 1 \\ 0 & & & & \lambda_h \end{pmatrix},\quad \mathfrak{F}_{h1} = (\lambda_h). \tag{11}$$

Definiert man nun die quadratischen symmetrischen Matrizen von k Zeilen und Spalten:

---

[1]) Vgl. etwa Anmerkung 2, § 1, wo man weitere Literatur angegeben findet.

$$(12)\qquad \mathfrak{Q}_{hk} = \begin{bmatrix} 0 & & & 1 \\ & & 1 & \\ & \cdot & & \\ 1 & & & 0 \end{bmatrix}, \quad \mathfrak{P}_{hk} = \begin{bmatrix} 0 & & & \lambda_h \\ & & \lambda_h & 1 \\ & \cdot^{\cdot^{\cdot}} & \cdot^{\cdot^{\cdot}} & \\ \lambda_h & 1 & & 0 \end{bmatrix} = \mathfrak{Q}_{hk}\,\mathfrak{F}_{hk},$$

so kommt man zu der gewünschten Zerlegung durch den folgenden Satz II. Ersetzt man in der JORDANschen Normalform $\mathfrak{A}$ einer Klasse ähnlicher Matrizen die Felder $\mathfrak{F}_{hk}$ durch die Felder $\mathfrak{P}_{hk}$ bzw. $\mathfrak{Q}_{hk}$, so erhält man zwei symmetrische Matrizen $\mathfrak{P}, \mathfrak{Q}$, welche der Beziehung $\mathfrak{A} = \mathfrak{Q}^{-1}\mathfrak{P}$ genügen, und diese Matrizen können als Repräsentanten der Familie äquivalenter Matrizenpaare, welche zu der Matrizenklasse gehört, betrachtet werden.

Denn es gilt für homologe Felder: $\mathfrak{F}_{hk} = \mathfrak{Q}_{hk}^{-1}\,\mathfrak{P}_{hk}$.

Beispiel. Ist

$$\mathfrak{A} = \begin{bmatrix} \lambda_1 & 1 & 0 & 0 \\ 0 & \lambda_1 & 0 & 0 \\ 0 & 0 & \lambda_2 & 1 \\ 0 & 0 & 0 & \lambda_2 \end{bmatrix}, \text{ so ergibt sich:}$$

$$\mathfrak{P} = \begin{bmatrix} 0 & \lambda_1 & 0 & 0 \\ \lambda_1 & 1 & 0 & 0 \\ 0 & 0 & 0 & \lambda_2 \\ 0 & 0 & \lambda_2 & 1 \end{bmatrix}, \quad \mathfrak{Q} = \begin{bmatrix} 0 & 1 & 0 & 0 \\ 1 & 0 & 0 & 0 \\ 0 & 0 & 0 & 1 \\ 0 & 0 & 1 & 0 \end{bmatrix}.$$

Bestimmt man die bei gegebenem n möglichen Typen der Normalform $\mathfrak{A}$, so ordnet ihnen der Satz II sofort die zugehörigen Typen der Matrizenpaare $\mathfrak{P}, \mathfrak{Q}$ zu, und man erhält so alle Typen.

§ 3. Scharen quadratischer Formen.

4. Ist $C = \xi M - \eta N$ die Matrix einer regulären Schar quadratischer Formen, verschwindet also ihre Determinante in ξ, η nicht identisch, so kann man in bekannter Weise die Matrizen M, N der Grundformen durch zwei andere P, Q ersetzen, wenn man

$$(13)\qquad P = \gamma M - \delta N, \quad Q = \beta M - \alpha N$$

erklärt, und unterwirft man die Konstanten $\alpha, \beta, \gamma, \delta$ den Bedingungen

$$(14)\qquad \alpha\gamma - \beta\delta = 1, \quad |\beta M - \alpha N| \neq 0,$$

so folgt umgekehrt

$$(15)\qquad M = \alpha P - \delta Q,\ N = \beta P - \gamma Q,\ |Q| \neq 0.$$

Transformiert man nun simultan P, Q in ihre Normalformen $\mathfrak{P}$, $\mathfrak{Q}$, so gehen die Matrizen M, N in gewisse Normalformen

$$(16)\qquad \mathfrak{M} = \alpha\mathfrak{P} - \delta\mathfrak{Q},\ \mathfrak{N} = \beta\mathfrak{P} - \gamma\mathfrak{Q}$$

über. Offenbar zerfallen die Matrizen $\mathfrak{M}$, $\mathfrak{N}$ in Länder und Felder $\mathfrak{M}_{hk}$ bzw. $\mathfrak{N}_{hk}$ in gleicher Weise wie $\mathfrak{P}$, $\mathfrak{Q}$, und falls man noch

$$(17)\qquad \alpha\lambda_h - \delta = a_h,\ \beta\lambda_h - \gamma = b_h$$

setzt, so ist

$$(18)\qquad \mathfrak{M}_{hk} = \begin{Bmatrix} 0 & & & a_h \\ & & a_h & \alpha \\ & \cdot^{\cdot^{\cdot}} & \cdot^{\cdot^{\cdot}} & \\ & a_h & & 0 \\ a_h & \alpha & & \end{Bmatrix},\quad \mathfrak{N}_{hk} = \begin{Bmatrix} 0 & & & b_h \\ & & b_h & \beta \\ & \cdot^{\cdot^{\cdot}} & \cdot^{\cdot^{\cdot}} & \\ & b_h & & 0 \\ b_h & \beta & & \end{Bmatrix}.$$

Damit hat man dann die bekannten WEIERSTRASSschen Normalformen[1]) der Matrizen, welche zu den Grundformen einer beliebigen regulären Schar quadratischer Formen gehören.

Man könnte nun, von den Normalformen $\mathfrak{M}$, $\mathfrak{N}$ ausgehend, die Theorie der Elementarteiler der Formenschar C entwickeln, die ja bei WEIERSTRASS den Ausgangspunkt seiner Untersuchungen und das charakteristische Hilfsmittel bildet.

5. Ist eine Formenschar reell und enthält eine definite Form von nicht verschwindender Determinante, so wird man deren Matrix Q als eine der beiden reellen Grundformen P, Q wählen. Da sich nun die definite Form kogredient in die Summe von n Quadraten transformieren läßt, so existiert eine reelle reguläre Matrix S so, daß $Q_1 = S'QS = \underset{(-)}{+} E$ ist, wenn E die Einheitsmatrix bedeutet. Setzt man dann $S'PS = P_1$, so ist $Q_1^{-1}P_1$ eine symmetrische Matrix, d. h. die der Familie äquivalenter Matrizenpaare zugeordnete Klasse enthält eine reelle symmetrische Matrix; ihre JORDANsche Normalform ist daher nach einem bekannten Satze ein Diagonalsystem, es treten in ihr nur Felder der Form $\mathfrak{F}_{h1}$ auf, und das gleiche gilt nach Satz II von den Matrizen $\mathfrak{P}$, $\mathfrak{Q}$, d. h. es ist $\mathfrak{Q} = \underset{(-)}{+} E$, $\mathfrak{P}$ ein Diagonalsystem mit reellen Elementen, und man hat hier ein bekanntes

[1]) Vgl. die zusammenfassende Darstellung in P. MUTH, Theorie und Anwendung der Elementarteiler. Leipzig 1899. S. 122 und S. 184.

Resultat über reelle Formenscharen, die eine reguläre definite Form enthalten[1]). Die Matrizenpaare P, Q und 𝔓, 𝔔 sind reell äquivalent.

6. Für die hier geleistete Klassifizierung der Scharen quadratischer Formen ist die Abbildung der Matrizenpaare einer Familie auf die Matrizen einer Klasse charakteristisch, ein Verfahren, das G. KOWALEWSKI bei einem verwandten Problem — der simultanen Transformation von zwei Bilinearformen — angewandt hat[2]); außerdem verlangt die vorliegende Aufgabe die Heranziehung des FROBENIUSschen Satzes F. Diese Abbildung, die hier nur als ein Hilfsmittel erscheint, läßt sich aber als naturgemäß begründen. Deutet man nämlich die quadratischen Grundformen einer Schar als Gleichungen von Hyperflächen zweiten Grades in einem projektiven Raume R_{n-1}, so sind mit diesen Gebilden polare Korrelationen verknüpft, deren Aufeinanderfolge eine Kollineation bestimmt, deren Matrix $A = Q^{-1}P$ ist, und es liegt nun nahe, die Kollineationen zu untersuchen, die durch je zwei Flächen der Schar bestimmt sind. Wie mir Herr BALDUS mitteilt, gelangt man so auf rein geometrischem Wege zu der Aussage des Satzes II; Herr B. will hierauf für den R_2 und R_3 in einer demnächst erscheinenden Arbeit „Zur Kassifikation der Büschel von Kurven und Flächen zweiten Grades" näher eingehen. Bedenkt man nun, daß die Klassifikation der (reellen und komplexen) Kollineationen sich geometrisch höchst einfach nach einem rekurrenten Verfahren, unter Benutzung ganz elementarer algebraischer Hilfsmittel, durchführen läßt[3]), so liegt nun eine bequeme Methode vor, auch die Büschel von Kurven und Flächen zweiten Grades in Klassen einzuteilen. Die hier mitgeteilte Ableitung will dagegen nur algebraische und arithmetische Hilfsmittel verwenden.

Karlsruhe, im Juni 1930.

---

[1]) Vgl. die zusammenfassende Darstellung in P. MUTH, Theorie und Anwendung der Elementarteiler. Leipzig 1899. S. 122 und S. 184.

[2]) G. KOWALEWSKI, Natürliche Normalformen linearer Transformationen. Leipziger Berichte, math.-phys. Klasse, Bd. 69 (1917), S. 325—335, insbesondere S. 332—334. Diese natürlichen, d. h. auf rationalem Wege erreichbaren, Normalformen kommen hier nicht in Frage, da der Satz F den Fundamentalsatz der Algebra voraussetzt.

[3]) R. BALDUS, Zur Klassifikation der ebenen und räumlichen Kollineationen. Münchener Sitzungsberichte, math.-phys. Klasse, Jahrgang 1928, S. 375—395. Darin sind die Betrachtungen für den R_1, R_2, R_3 durchgeführt; nach S. 377 sind sie auf höhere Räume übertragbar.

7. KLEBS, GEORG. Über die Längenperiode der Internodien. Reichsmark 2.40
8. JOST, L., u. v. UBISCH, G. Zur Windefrage. Reichsmark 0.80
9. SALOMON, WILHELM. Gibt es Gesteine, die für bestimmte Erdperioden charakteristisch sind? Reichsmark 0.30
10. ROESER, ERNST. Der reelle Übergang zwischen den beiden nichteuklidischen Geometrien und ihrem Parallelenbegriff. Reichsmark 1.20
11. SALOMON, WILHELM. Kugelförmige Absonderung. Reichsmark 0.80
12. SALOMON. Felsenmeere und Blockstreuungen. Reichsmark 0.80
13. SALOMON. Die Gruppendefinitionen in der Paläontologie. Reichsmark 0.90

Jahrgang 1927.

1. LOEWY, ALFRED. Neue elementare Begründung und Erweiterung der Galoisschen Theorie. Reichsmark 1.60
2. LIEBMANN, HEINRICH. Rhombische Geradennetze im Raum. Reichsmark 1.—
3. VOLK, OTTO. Über geodätische Dreiecknetze auf Flächen konstanten Krümmungsmaßes. Reichsmark 1.80
4. PÜTTER, A. Chemische Reizwirkung und Giftwirkung. Mit einem mathematischen Anhang: Ein Diffusionsproblem von E. TREFFTZ. Reichsmark 2.40
5. REMBS, EDUARD. Die Verbiegung des verlängerten Rotationsellipsoids. Reichsmark 1.60
6. MAYER, ADOLF. Naturwissenschaftliche Ästhetik. Reichsmark 0.90
7. MAYER, ADOLF. Naturwissenschaftliche Volkswirtschaftslehre. Reichsm. 0.80
8. BAER, R., KAPFERER, H., KRULL, W., SCHMIDT, F. K. Beiträge zur Algebra. Nr. 5—10. Reichsmark 6.20
9. MÜLLER, MAX. Über die Eindeutigkeit der Integrale eines Systems gewöhnlicher Differentialgleichungen und die Konvergenz einer Gattung von Verfahren zur Approximation dieser Integrale. Reichsmark 2.50
10. FREUDENBERG, KARL. Intramolekulare Umlagerung optisch-aktiver Systeme. Reichsmark 1.—
11. ROESER, ERNST. Abbildung der hyperbolischen Ebene auf die Kugel mittels der Beziehung zwischen Lot und Parallelwinkel. Reichsmark 1.—
12. RÜGER, L. Die direkte gebirgsgetreue Übertragung der auf dem Universaldrehtisch gewonnenen Messungsergebnisse gebirgsorientierter Schliffe in das Diagramm. Reichsmark 1.20
13. JOST, L. Elektrische Potentialdifferenzen an der Einzelzelle. Reichsmark 1.90

Jahrgang 1928.

1. RÜGER, L. Einige Bemerkungen zur Darstellung tektonischer Elemente, insbesondere von Klüften und Harnischen. Reichsmark 1.20
2. HERBST, CURT. Untersuchungen zur Bestimmung des Geschlechts. Ein neuer Weg zur Lösung des Geschlechtsbestimmungsproblems bei Bonellia viridis. Reichsmark 1.50
3. MERTON, HUGO. Untersuchungen über die Entstehung amöbenähnlicher Zeilen aus absterbenden Infusorien. Reichsmark 2.20
4. BAER, REINHOLD. Zur Einordnung der Theorie der Mischgruppen in die Gruppentheorie. Reichsmark 2.20
5. BAER, REINHOLD. Über die Zerlegungen einer Mischgruppe nach einer Untermischgruppe. Reichsmark 1.50
6. ROESER, ERNST. Komplementäre Körper der beiden nichteuklidischen Geometrien. Reichsmark 1.—
7. KRULL, WOLFGANG. Primidealketten in allgemeinen Ringbereichen. Reichsmark 1.10
8. SALOMON, WILHELM. Geologische Beobachtungen des Leonardo da Vinci. Reichsmark 0.90
9. LIEBMANN, HEINRICH. Die Sätze von Lie und Gambier über Kurven eines Linienkomplexes. Reichsmark 0.90
10. MERZ, K. W. Über den Wirkungsantagonismus von Blutkörperchen und Serum bei chemisch faßbaren biologischen Vorgängen. Reichsmark 1.20
11. MÜHLBACH, R. Über Raumkurven in der Möbiusschen Geometrie. Reichsmark 1.20
12. ERNST, PAUL. Wurzeln der Medizin. Reichsmark 1.50
13. MAYER, ADOLF. Naturwissenschaftliche Apologetik des Christentums. Reichsmark 1.60
14. BAER, REINHOLD. Beiträge zur Galoisschen Theorie. Reichsmark 1.80

15. Salomon, Wilhelm. Neue geologische Beobachtungen im Baitoniegebet des Adamello. Reichsmark 0.90
16. Erdmannsdörffer, O. H. Über Disthen-Andalusitparagenesen. Reichsm. 1.20
17. Schneidt, Max. Kurvennetze ohne Umwege. Reichsmark 1.30
18. Bopp, K. J. H. Lamberts und A. G. Kaestners Briefe, aus den Gothaer Manuskripten herausgegeben. Reichsmark 2.20
19. Freudenberg, K. Zur Kenntnis des Fichtenholz-Lignins. Reichsmark 1.10

Jahrgang 1929.

1. Volk, Otto. Über Flächen mit geodätischen Dreiecksnetzen. Reichsm. 2.50
2 Schmidt, F. K., Krull, W., Breuer, S. Beiträge zur Algebra. Nr. 11—13. Reichsmark 1.80
3. Hieber, W., Zur Kenntnis der chemischen Reaktionen des Eisencarbonyls. Reichsmark 0.90
4. Salomon, Wilhelm. Gletscherbeobachtungen am Vadret Lischanna (Unterengadin). Reichsmark 1.—
5. Salomon, Wilhelm. Arktische Bodenformen in den Alpen. Reichsmark 2.50
6. Müller, Max. Über die Greensche Funktion des Laplaceschen Differentialausdruckes. Reichsmark 1.50
7. Rüger, L. Machairodus latidens Owen aus den altdiluvialen Sanden von Mauer a. d. Elsenz. Reichsmark 0.90
8. Lenard, P. Über Energie und Gravitation. Reichsmark 1.90
9. Deecke, W. Zur Entstehung der Kare. Reichsmark 0.80
10. Roeser, E. Neue Sätze über sphärische und hyperbolische Fünfecke. Reichsmark 1.—
11. Baldus, R. Über Eulers Dreieckssatz in der absoluten Geometrie. Reichsmark 1.—
12. Trautz, M. Die Reibung, Wärmeleitung und Diffusion in Gasmischungen. II. Reichsmark 2.80
13. Sander, B., u. Felkel, E. Zur tektonischen Analyse von Schmelztektoniten. Reichsmark 2.50
14. Scholz, Arnold. Beiträge zur Algebra. Nr. 14. Reichsmark 1.20
15. Baer, Reinhold. Beziehungen zwischen den Grundbegriffen der Topologie. Reichsmark 1.60
16. Herbst, Curt. Untersuchungen zur Bestimmung des Geschlechts. Weitere Experimente über die Vermännlichung indifferenter Bonellia-Larven durch künstliche Mittel. Reichsmark 3.—
17. Erdmannsdörffer, O. H. Über Alkalihornblenden aus dem Radautal. Reichsmark 0.80
18. Gruber, Friedrich. Neuer Beweis des Transversalensatzes in der absoluten Geometrie. Reichsmark 0.80
19. Rosenthal, A. Über die Existenz der Lösungen von Systemen gewöhnlicher Differentialgleichungen. Reichsmark 1.20

Jahrgang 1930.

1. Gottfried, C. Über kontaktmetamorphe Gesteine des Baitonegebietes in der Adamellogruppe (Italien). Reichsmark 1.—
2. Rüger, L. Über einen Granulit mit „Sekundärschieferung" von Auerswalde i. S. Reichsmark 1.50
3. Beiträge zur Algebra Nr. 15—17: a) Kapferer, Heinr. Über Schnittpunktsysteme mit vorgeschriebenen Multiplizitätszahlen. b) Kapferer, Heinr. Eine idealtheoretische Lösung des Cramerschen Paradoxons, die jeden singularen Fall umfaßt. c) Scholz, Arnold. Über das Verhältnis von Idealklassen und Einheitengruppen in Abelschen Körpern von Primzahlpotenzgrad. Reichsmark 3.20
4. Kinzl, Hans. Flußgeschichtliche und geomorphologische Untersuchungen über die Feldaistsenke im oberösterreichischen Mühlviertel und die angrenzenden Teile Südböhmens. Reichsmark 3.20
5. Baldus, Richard. Zur Axiomatik der Geometrie III. Über das Archimedische und das Cantorsche Axiom. Reichsmark 0.80
6. Salomon-Calvi, Wilhelm. Epeirophorese. Teil I. Reichsmark 1.40
7. Wellstein, Julius. Zur Klassifikation der regulären Scharen quadratischer Formen. Reichsmark 1.—

Druck von R. Wagner Sohn in Weimar.

MIX
Papier | Fördert
gute Waldnutzung
FSC® C083411

Zeitfracht Medien GmbH
Ferdinand-Jühlke-Straße 7
99095 Erfurt, Deutschland
produktsicherheit@kolibri360.de